石獅安安
中國小百科
趣味圖鑑

新雅編輯室 著　　李成宇 圖

新雅文化事業有限公司
www.sunya.com.hk

石獅安安
中國小百科趣味圖鑑

作者：新雅編輯室
責任編輯：王一帆
繪者・美術設計：李成宇
出版：新雅文化事業有限公司
香港英皇道499號北角工業大廈18樓
電話：(852) 2138 7998
傳真：(852) 2597 4003
網址：http://www.sunya.com.hk
電郵：marketing@sunya.com.hk
發行：香港聯合書刊物流有限公司
香港荃灣德士古道220-248號荃灣工業中心16樓
電話：(852) 2150 2100
傳真：(852) 2407 3062
電郵：info@suplogistics.com.hk
印刷：中華商務彩色印刷有限公司
香港新界大埔汀麗路36號
版次：二〇二三年七月初版

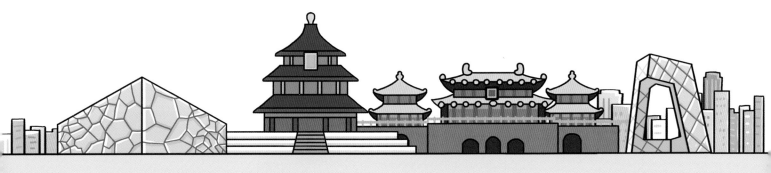

給孩子的話

小朋友，中國不僅有約 960 萬平方千米的廣闊疆域，還有着綿延五千年的輝煌歷史。你想知道中國有哪些獨特的景色和建築嗎？想了解中國有什麼特別的文化和美食嗎？讓我們翻開這本書，一起去探索吧！

本書以一塊從香港獅子山身上掉下的小石子──活潑可愛的石獅安安為主角，他為了體驗祖國的壯美，告別爸爸，與新認識的鳥類朋友們一起踏上旅途。走遍祖國大江南北的秀麗山河，領略不同地域的風俗習慣，讚歎日新月異的科技發展。小朋友，香港滿載着豐富的中華文化，當你和石獅安安一起遊覽的時候，可以想一想：在你的生活中，有沒有見過這些物品或相似的文化元素。

小朋友，為了給你一個豐盛的中華之旅，我們準備了很多精彩內容呢！

四大主題：書中設置了四個主題，分別是「幅員遼闊的中國」、「歷久彌新的文化」、「千姿百態的生活」和「日新月異的科技」，這些主題可以引導你更加全面地認識國家的過去與現代，發現中國不絕的生命力的來源。

多元化的欄目：書中有「安安手記」，收錄石獅安安搜集到的趣味資料。介紹中國往事的「時光隧道」，聯繫中國與世界的「世界之窗」，以及記錄中國創新的環保方式的「環保有方」。

文化共融的環境：本書的最後是「生活中的中華元素」，你可以將日常生活中見到的中華元素拍攝下來，記錄它們的樣子和名稱，為這本書增加你的見聞和想法。

小朋友，讓我們一起探索中國，感受文明古國的魅力吧！

目錄

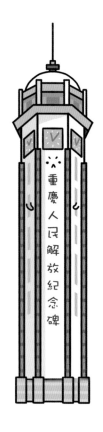

重慶人民解放紀念碑

幅員遼闊的中國

歷久彌新的文化

千姿百態的生活

日新月異的科技

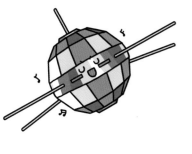

石獅安安常常向石獅爸爸講起自己的朋友們。

　　冬天到了，石獅安安又交到了新朋友——許多來自祖國北方的候鳥。鳥兒們嘰嘰喳喳地為石獅安安介紹自己家鄉的人文風物，石獅安安聽得入了迷。

　　「爸爸，我好想去看一看燕子姐姐說的四合院啊！」

　　「爸爸，我好想去嘗一嘗斑鳩哥哥說的蟹黃湯包啊！」

　　「爸爸，我好想去聽一聽航空母艦乘風破浪的聲音啊！」

　　「爸爸，……」

石獅安安多想和爸爸一起去看看這些美好的風景，感受祖國多樣的文化，和更多的動物、植物們做朋友。但是忙碌的石獅爸爸沒有辦法陪伴安安一起進行這次翻山越嶺的旅行。

　　白鷺阿姨提議：「你可以和新朋友們一起去看一看，回來把你的經歷和感受講給爸爸聽。」

　　石獅安安覺得這個主意太棒了！他迫不及待地收拾行囊，告別了爸爸，在朋友們的陪伴下，踏上了新的旅程。

中國歷史時間線

小朋友，快來了解一下中國從古到今的歷史是怎樣演進的吧！

史前時代

在長江和黃河附近，陸續發現了很多古人類的遺址。

夏

約公元前 2070 － 約前 1600 年

夏朝被認為是中國歷史上的第一個王朝，第一代君主大禹是治理洪水的大英雄。

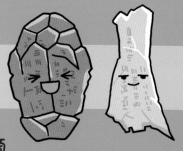

商

約公元前 1600 － 前 1046 年

商朝已經出現了成熟的文字。這些文字常常被刻在龜甲或獸骨上，被稱為甲骨文。

宋

公元 960 － 1279 年

宋朝的經濟十分發達。出現了世界上最早的紙幣——交子。

唐

公元 618 － 907 年

大唐是當時最富強的國家之一。在當時的都城長安可以看到來自世界各地的遊人。

隋

公元 581 － 618 年

隋朝重新一統天下。雖然只歷經兩代，但建設了溝通南北的京杭大運河。

元

公元 1271 － 1368 年

成吉思汗建立蒙古汗國後，他的繼承者們不斷開疆擴土，建立了中國第一個少數民族王朝——元朝。

明

公元 1368 － 1644 年

明朝的皇帝大權獨攬，在皇帝的支持下，鄭和七次下西洋，船隊遠航到阿拉伯半島和東非。

大清

清

公元 1644 － 1911 年

清朝是中國最後一個封建王朝。為維持這個多民族的國家，帝王要學習滿語、漢語等多種語言。

中國是世界四大文明古國之一。

西周
公元前 1046－前 771 年

西周重視禮儀。周禮涵蓋了生活的方方面面，甚至對諸侯見周王時的穿衣戴帽等都有講究。

東周（春秋、戰國）
春秋：公元前 770－前 476 年
戰國：公元前 475－前 221 年

東周是大變革的時代。儒家、道家、法家等各學派的思想紛紛出現，「百家爭鳴」。

秦
公元前 221－前 207 年

公元前 221 年，秦始皇嬴政建立了中國歷史上第一個大一統王朝——秦朝。

兩晉及南北朝
公元 265－589 年

此時是第一次民族大融合時期。混亂的時局下多有戰爭，出現了花木蘭代父從軍的故事。

三國
魏：公元 220－265 年
蜀：公元 221－263 年
吳：公元 222－280 年

魏、蜀、吳三國政權先後建立，曹操、劉備、諸葛亮都是這個時期的重要人物。

漢
公元前 202－公元 220 年

漢朝是一個文明而強大的王朝。皇帝先後派張騫、班超出使西域，通往中亞的道路「絲綢之路」至此暢通。

中華民國

1912 年，孫中山先生在南京宣布中華民國成立，並任中華民國臨時大總統。

中華人民共和國

1949 年 10 月 1 日，毛澤東主席在北京天安門城樓上宣告中華人民共和國、中央人民政府正式成立。

小朋友，中國的未來需要我們！

中國地圖

小朋友，以下是中國的基本資料，讓我們和安安一起來看一看吧！

新疆維吾爾自治區

甘

肅

省

青海省

四川省

西藏自治區

內

雲南省

香港位於中國的東南方。

平均海拔在 4,000 米以上的省份：

平均海拔在 1,000-2,000 米之間的省份：

平均海拔多在 500 米以下的省份：

中國小檔案

正式名稱：中華人民共和國

國旗：　　國徽：

國歌：《義勇軍進行曲》

陸地面積：約 960 萬平方千米

海域面積：約 473 萬平方千米

人口：14.118 億（截止 2022 年末）

國慶日：10 月 1 日

貨幣：人民幣（元）

首都：北京

目前中國有 34 個省級行政單位：

23 個省；5 個自治區；4 個直轄市；

2 個特別行政區。

廣闊的國土

中國土地廣闊，地貌類型繁多又獨特，不少更是著名景點呢！
石獅安安把它們拍攝下來，帶回家給爸爸看一看。

西藏自治區：昆侖山脈

昆侖山脈是中國西部的主要山脈，平均海拔約 5,500 至 6,000 米，是中國最大的冰川區。

高山兀鷲

高山兀鷲是世界上飛得最高的鳥類之一，牠們甚至可以飛躍世界屋脊——青藏高原呢！

安安手記　中國之最

你好呀，石獅安安，我的身高是 8,849 米！

我的河道上有很多水電站呢！

我位於江西省。

最高的山峯：珠穆朗瑪峯　　最長的河流：長江　　最大的淡水湖：鄱陽湖

我被稱為「大漠地質博物館」。

甘肅敦煌：雅丹地貌
敦煌天氣乾燥，大風吹起的沙子，把岩石打磨成不同的形狀：像雄鷹、像城堡、像頭像，各具特色，惟妙惟肖。

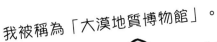

環保有方

綠意盎然的黃土高原
黃土高原曾因過度開發，出現了土壤退化和水土流失的現象。20多年前，國家決定在黃土高原減少耕地，開展大面積的植樹種草。現在這裏的生態環境已經得到了顯著改善。

甘肅張掖：丹霞地貌
位於甘肅張掖的七彩丹霞山呈現出天然的紅色、黃色、白色和綠藍色，太讓人驚艷啦！

長江三峽：峽谷地貌
長江三峽是由瞿（粵音：渠）塘峽、巫峽、西陵峽組成的峽谷。峽谷兩岸是連綿而陡峭的高山，小船在江中順流而下，可以看到非常壯麗的景觀啊！

湖南張家界：張家界地貌
張家界有極多奇特的石峯、石柱，這些砂岩經過了流水的侵蝕和風化，形成了高低錯落的石柱林。

多樣的生物

中國的氣候和地形多樣，所以生物的種類和數量都很豐富，更有不少全球獨有的物種。石獅安安急不及待跟他們見面呀！

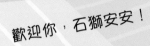

歡迎你，石獅安安！

大熊貓

「國寶」大熊貓是中國的獨有物種。牠們毛色黑白相間，外表圓滾滾的，深受人們喜愛。

朱鷺

朱鷺（粵音：環）是一種稀有的美麗鳥類。每當從秋季就開始從家鄉向南遷徙，其中的一些會選擇在香港過冬呢！

大家好，很開心能和大家做朋友。

石獅安安，這是我的家人和朋友們！

川金絲猴

是中國獨有物種，只分布於四川、甘肅、湖北和陝西四個省份的森林中。

石獅安安，很高興認識你！

環保有方

青藏鐵路建設時的環境保護

在建設青藏鐵路時，一些特殊的區域採用了「以橋代路」的方案，為野生動物留下遷徙通道。同時，建造人工濕地，控制垃圾的產生和排放，減少對於當地動物植物的影響。

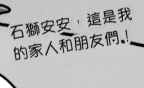

長江江豚

現時長江唯一的鯨豚類動物。牠們的體形比海豚小一點，全身是灰色的。

銀杏樹

原產於中國，現在世界各地都有栽培。銀杏葉呈扇形，秋天時會由綠色變成金黃色，非常漂亮。

安安手記 雪蓮花的朋友們

雪蓮花、綠絨蒿和綿參都是生長於海拔數千米的高山植物，它們有什麼特別的生存技巧呢？

雪蓮花

我耐得住低溫，生命力很頑強。

綠絨蒿

我的花朵顏色艷麗，吸引昆蟲來傳播花粉。

綿參

我長得矮小，枝葉不會被強風吹斷。

琪桐樹

是中國特有的一種植物，它們生長在高海拔的山林中。因為花瓣像鴿子翅膀，花蕊像鴿子眼睛，所以又稱為「鴿子樹」。

水杉

在一億年前就已經出現在地球上的物種，有植物界的「活化石」之稱。

富饒的物產

中國地大物博，物產豐富，當中不僅有石獅安安常見的穀物和水果，也有珍貴的礦產資源和能源呢！

耐旱水果

中國西北地區降雨少、氣候乾燥，這裏的耐旱水果，如蘋果、石榴、大棗等，味道非常甘甜呢！

糧食和穀物

中國東北有肥沃的黑土地，盛產粟米、大豆等。廣大的中原地區的黃土地更適合種植小麥、水稻等。

啄木鳥姐姐你好！

石獅安安，辛苦啦！

安安手記　「五穀」指的是什麼？

稻、稷、黍、麥、菽，是古時人們作為主要糧食的作物，被合稱為「五穀」。

稻

我是水稻，也就是常見的大米。

稷

我是小米，是非常耐旱的作物。

黍

我是黃米，體形比小米大一些！

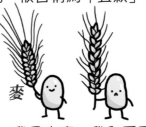

麥

我是小麥，我和哥哥大麥都是五穀中的「麥」。

菽

菽是我們豆類家族的總稱。

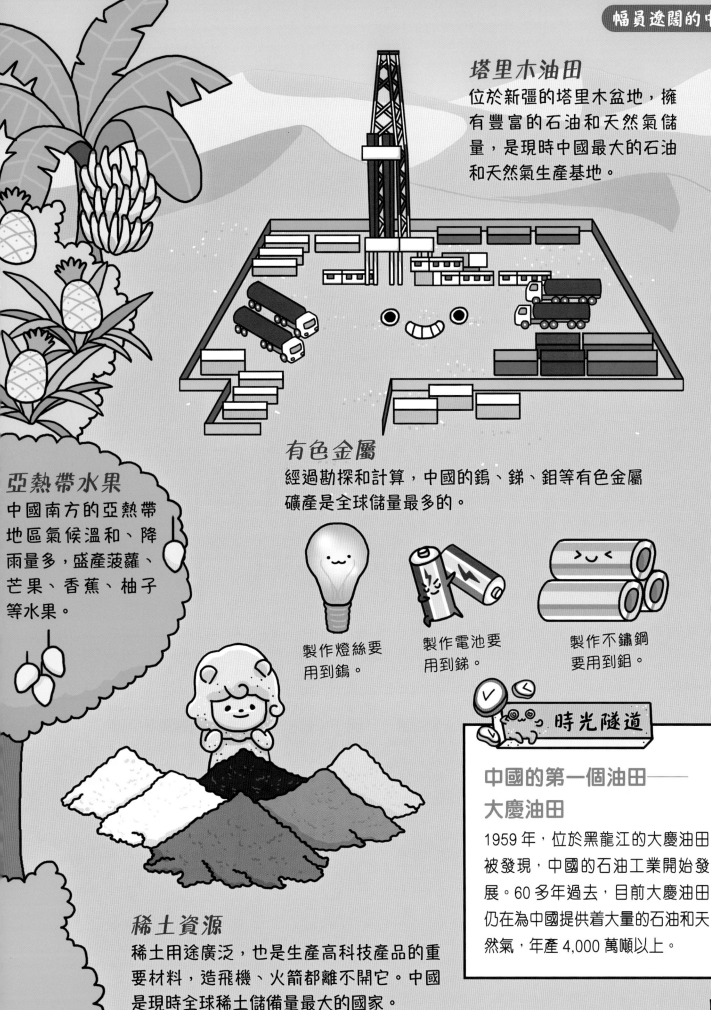

塔里木油田

位於新疆的塔里木盆地，擁有豐富的石油和天然氣儲量，是現時中國最大的石油和天然氣生產基地。

亞熱帶水果

中國南方的亞熱帶地區氣候溫和、降雨量多，盛產菠蘿、芒果、香蕉、柚子等水果。

有色金屬

經過勘探和計算，中國的鎢、銻、鉬等有色金屬礦產是全球儲量最多的。

製作燈絲要用到鎢。

製作電池要用到銻。

製作不鏽鋼要用到鉬。

時光隧道

中國的第一個油田──大慶油田

1959 年，位於黑龍江的大慶油田被發現，中國的石油工業開始發展。60 多年過去，目前大慶油田仍在為中國提供着大量的石油和天然氣，年產 4,000 萬噸以上。

稀土資源

稀土用途廣泛，也是生產高科技產品的重要材料，造飛機、火箭都離不開它。中國是現時全球稀土儲備量最大的國家。

17

特別的節日

石獅安安和朋友們一起舞獅，好熱鬧啊！原來舞獅不僅是一項民間藝術，還是中國春節的習俗之一。中國還有很多傳統節日傳承至今，也有着不同的習俗和意義呢！

春節

又稱為「農曆新年」，一般指農曆除夕到正月初一。春節是中國人家庭團聚的重要節日，一家人團聚在一起吃團年飯，拜年，守歲。

收到利是啦！

謝謝公雞先生借給我的羽毛衣。

不客氣！石獅安安你舞得很有氣勢啊。

清明節

清明節在每年的四月五日前後，人們會在這天掃墓、拜祭祖先，也會到郊外踏青、放風箏。

我來幫你把風箏飛的更高一些！

謝謝你啊，風先生！

加油啊，我們一會拿到第一名！

端午節

這是紀念古代愛國詩人屈原的節日。幾千年來，人們一直保留着賽龍舟、吃粽子的習俗。

中秋節

農曆八月十五是寓意團圓的中秋節。這天，一家人會一起賞月、吃月餅。在香港的大坑，還有舞火龍的傳統節目呢！

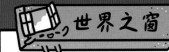
冬至

這一天是一家團聚的重要節日，一些地方甚至有「冬至大過年」的說法。

與家人在一起很幸福啊！

國慶節

中華人民共和國成立後，每年的 10 月 1 日被定為國慶節。國慶節會舉行慶祝活動，藉以加強國家和民族的凝聚力。

 安安手記　元宵和湯圓的異與同

元宵和湯圓分別是北方和南方在元宵節的傳統食物，它們的製作材料和外形相似，但製作方法卻有不同。

元宵
將餡料切塊，沾水後放在糯米粉上搖，製作出來的就是元宵。

湯圓
將糯米粉加水揉成糰，再加入餡料，搓成圓形，製作出來的就是湯圓。

奇幻的神話

石獅爸爸平日會給石獅安安講中國的神話故事，石獅安安發現這些故事不但有趣，還包含了很多值得學習的人生態度呢！

盤古創世
盤古是傳說中開天闢地的神，他身材高大，用一把利斧劈開天地，最後他的身體化成自然界的萬物。

多捏一些小人，大地上就熱鬧了。

媽媽

媽媽

女媧造人
相傳天地最初沒有人類，只有一個名為「女媧」的女神，她按照自己的模樣創造了人類，並一直保護着他們。

小姐，請用這把傘吧！

多謝公子。

白蛇傳
修煉成人形的蛇精白素貞與書生許仙之間因為一把傘結緣，他們至死不渝的愛情故事廣為流傳。

時光隧道

神話中傳承的民族精神
中國神話包含着中華民族的精神，如「愚公移山」、「大禹治水」體現了傳承與堅持的精神；「燧人取火」、「倉頡造字」表達了積極創造的態度。這些民族精神通過神話故事的流傳，代代傳承。

大鬧天宮

玉皇大帝對孫悟空許以爵位，悟空欣然前往，卻發現只是小小的弼馬溫。得知受騙的猴王孫悟空反下天庭，與天兵天將在花果山展開大戰……

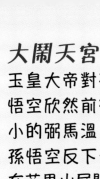

我很崇拜齊天大聖孫悟空啊！

我要畫一隻傳説中的神鳥鳳凰。

哪吒鬧海

陳塘關妖龍作祟，三年來滴雨未降，百姓民不聊生。哪吒大鬧龍宮水府，最後終於為民除害。

百鳥朝鳳

一隻名為「鳳凰」的普通小鳥拯救了眾多鳥兒，這些鳥兒以身上的羽毛製作了百鳥衣答謝鳳凰，鳳凰最後成為百鳥之王。

老龍王，你認不認輸。

安安手記 航天工程的名字由來

中國的航天工程多以神話中的人物、地點來命名，將神話中的飛天夢想變成現實！

繞月探測的嫦娥工程

我的名字源於月宮中的仙子嫦娥。

暗物質粒子探測衛星——悟空

我也有能在黑暗中探索的金睛火眼。

火星車祝融號

我的名字和火神祝融有關。

21

智慧的發明

　　石獅安安曾聽說過中國古代四大發明，這次遊歷還認識了其他發明，原來它們的起源與當時人們的生活息息相關，更對之後的文明發展起了巨大的作用。

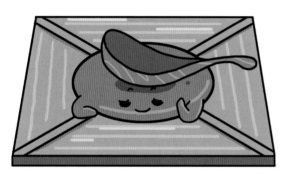

司南的勺柄指向的方向是南方。

造紙術

東漢時期蔡倫改良造紙術，用樹皮、破布、漁網等更便宜的材料製作紙，紙被更普遍的使用，文化的傳播也更加便利了。

指南針

戰國時，出現了以磁石製成、指示方向的「司南」。經過不斷改良，在宋代指南針被廣泛用於航海導航，航運貿易增加，促進了海上絲綢之路的發展。

我來幫忙吹乾這些紙片。

我們的傳統節日冬至與農曆有關。

魯班大師是著名的發明家。他做的木鳥可以飛起來！

魯班大師的手可真巧啊！

農曆

根據太陽位置變化和月亮運行編制成的傳統曆法，是古代勞動人民智慧的結晶。因為對農業生產非常重要，所以稱為「農曆」。

火藥

火藥是東漢時期的道士在煉丹時偶然發現的。宋代開始，火藥被大量用於軍事上，製成威力強大的武器。

原來做道士也很危險呢！

時光隧道

二十四節氣——農民伯伯的好幫手

中國古代是農業社會，氣候變化會影響耕種。古人透過經驗總結出二十四節氣，以指導農耕工作。如「穀雨」代表春天雨水增多，穀物生長；「小滿」指糧食漸漸成熟，可以準備收穫了。

印刷術

雕版印刷術出現于於隋唐，這時候的印刷板雖然方便，但在刻制過程中容易出錯。宋代出現了活字印刷術，把字粒排序後進行印刷，更節省時間和人力。

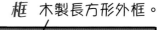

安安手記 **中國古代的計算器——算盤**

算盤是古代的計算工具，通過撥動算珠來運算，是非常便利的中式「計算器」。

樑
計算時只算靠樑的算珠，離樑的算珠不記數。

檔
每檔代表「位」，即個位、十位、百位、千位等。

框 木製長方形外框。

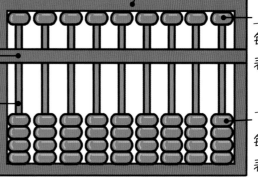

上珠
每顆算珠代表五。

下珠
每顆算珠代表一。

寶貴的文化遺產

石獅安安與仙鶴哥哥一起去體驗中國的文化遺產,這些獨特的文化遺產承載着寶貴的傳統文化和精神,讓一代代人獲益良多呢!

戲曲

中國發展了不同種類的戲曲,如被稱為「百戲之祖」的崑曲,被稱為「大戲」或「廣府大戲」的粵劇等。

戲曲用到很多民族樂器呢。

茶道

製茶、品茶的技藝,被古代的中國人視作一種對身心有益的生活方式,對於周邊國家都有影響。

茶聞起來有一股清香的味道。

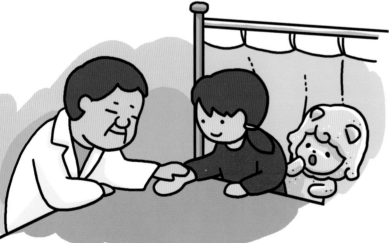

中醫

中醫是起源於漢族的傳統醫學,其中的很多治療方法都有着幾千年的歷史。華佗、張仲景、李時珍等都是歷史上著名的中醫師。

絲綢

我們的祖先很早就掌握了養蠶和絲織技術，絢麗的絲綢曾是中外貿易的主要商品，運輸的道路也被稱為「絲綢之路」。

哇，原來這就是春蠶！

武術

東漢時華佗創建「五禽戲」健身法，被認為是中華武術的始祖。武打巨星李小龍通過動作電影，讓中國武術聞名於世界。

石獅安安，你做的很棒！

仙鶴哥哥，我做的對嗎？

世界之窗

名貴的中國瓷器

瓷器被視為中國的代名詞，英文「China」指中國，也指瓷器。中國是最早發明瓷器的國家，商代已燒造原始的瓷器，隨著技術的不斷發展，先後出現了唐三彩、白瓷、青瓷、青花瓷、五彩等種類繁多的陶瓷種類和藝術品。

書法和中國畫

書法是書寫的藝術，中國畫是繪畫的藝術，兩者常互相結合。它們都會用到文房四寶——筆、墨、紙、硯。

安安手記 **漢字的發展和演變過程**

漢字從起源至今約五千年，由甲骨文開始，漢字的形體不斷演化，各字體有不同特色。以下以「中」字為例，一起看看它的演變吧！

甲骨文	金文	小篆	隸書	楷書	行書	草書

豐富的文物古跡

石獅安安要準備去參觀各地不同的文物古跡。中國歷史悠久，文物古跡遍布大江南北，在蘊含歷史文化的同時，也有極高的藝術價值。

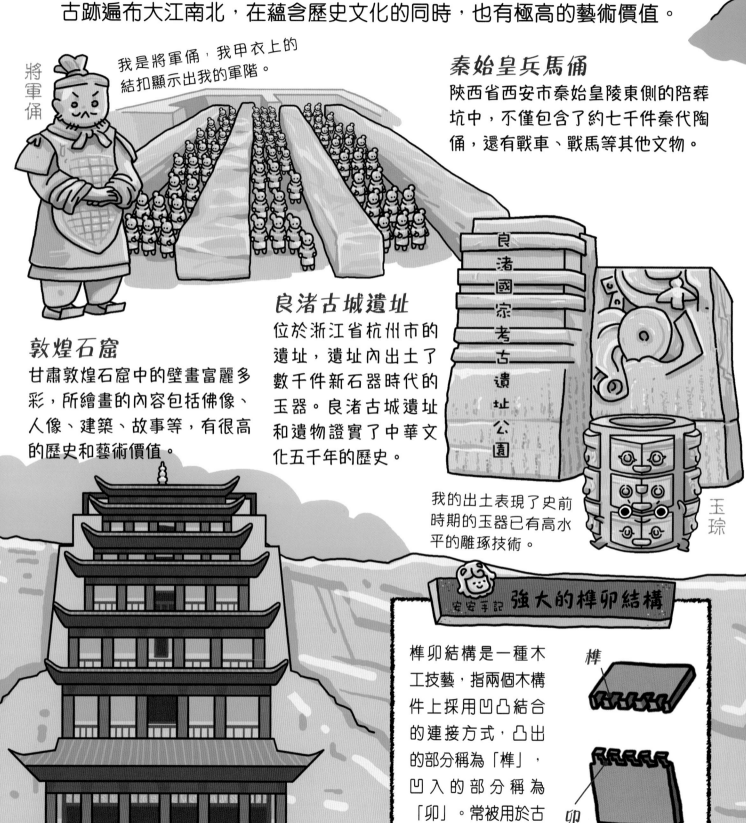

將軍俑

我是將軍俑，我甲衣上的結扣顯示出我的軍階。

秦始皇兵馬俑

陝西省西安市秦始皇陵東側的陪葬坑中，不僅包含了約七千件秦代陶俑，還有戰車、戰馬等其他文物。

良渚古城遺址

位於浙江省杭州市的遺址，遺址內出土了數千件新石器時代的玉器。良渚古城遺址和遺物證實了中華文化五千年的歷史。

敦煌石窟

甘肅敦煌石窟中的壁畫富麗多彩，所繪畫的內容包括佛像、人像、建築、故事等，有很高的歷史和藝術價值。

我的出土表現了史前時期的玉器已有高水平的雕琢技術。

玉琮

安安筆記 強大的榫卯結構

榫卯結構是一種木工技藝，指兩個木構件上採用凹凸結合的連接方式，凸出的部分稱為「榫」，凹入的部分稱為「卯」。常被用於古代建築、家具等。

榫

卯

應縣木塔

位於山西的應縣木塔,是世界上現存最古老、最高的木構建築。塔內還有佛像、牌匾和壁畫。

萬里長城

位於中國北方,橫跨多個省市,是世界上修建時間最長、工程最浩大的一項古代防禦工程,也是現時著名的旅遊熱點。

北京故宮博物院

位於北京紫禁城內,是中國最大的古代文化藝術博物館,現有藏品達 186 萬件。香港故宮文化博物館中的很多珍貴文物來源於此。

故宮博物院

烏鴉叔叔,為什麼你和家人會居住在故宮呢?

傳說我們的祖先曾救過清朝的皇帝,我們就被稱為「神鳥」,自然就可以住在這裏啦。

時光隧道

穿越古今的京杭大運河

京杭大運河由北京至杭州,全長 1,700 多公里,部分河道在春秋時期開始鑿造,是世界上最早開鑿、航線最長的人工運河。它不但在古代的運輸上發揮巨大作用,也是現時「南水北調」工程的重要通道。

色彩繽紛的民族服飾

中國有 56 個民族，其中漢族的人數最多，其餘的 55 個少數民族也各自有着獨特的文化和傳統服飾。現在，石獅安安跟著孔雀哥哥一起去拜訪他們。

壯族

壯族歷史悠久，是中國少數民族中人口最多的民族，有自己的文字和語言。

石獅安安，這幅壯錦是我們送給你和石獅爸爸的禮物。

苗族

苗族人能歌善舞，喜歡用歌舞來表達自己的心情。

蒙古族

蒙古族曾是草原上遊牧民族，居住在蒙古包內，靠放牧為生，以牛、羊肉及奶製品為主食。

每年的 7 月或 8 月，我們會舉行那達慕大會。

石獅安安，請嘗一嘗我們的五色飯吧。

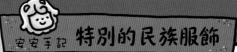

安安手記 特別的民族服飾

我是居住在黑龍江的赫哲族人，我身上的魚皮衣是用數十塊風乾後的魚皮所製造。

魚皮衣

我是居住在海南的黎族人，三千年前我的祖先已開始用樹皮製衣。

樹皮衣

回族

回族人多信奉伊斯蘭教，不吃豬肉。他們的頭飾很特別，女子戴蓋頭，男子戴圓帽。

開齋節是回族重要的節日。

彝族

彝族多居住在中國雲南省，他們的傳統服飾以紅、黃、黑色為主。

火把節是彝族重要的傳統節日，也是雲南許多少數民族共同的節日。

滿族

滿族的食品非常富有特色，最能代表滿、漢族飲食文化交融的就是「滿漢全席」。

時光隧道

古代的衣服使用了什麼染料？

古代衣服多利用植物提取色素作為染料，如用茜草可以染出紅色，用黃梔子可以染出黃色，用藍草可以染出藍色。現時，有些少數民族仍會使用植物染料，如壯族女子會以藍草來染製藍布。

回味無窮的佳餚

石獅安安覺得肚子很餓,是時候去吃飯了!中國各地都有不同風味的美食,按地區可分為八大菜系,石獅安安全部都想嘗一嘗呢!

石獅安安,快來嘗嘗這道龍井蝦仁。

哇,這些菜看起來真美味啊!

閩菜
起源於福州的閩菜吃起來鮮香酸甜,酸甜可口的荔枝肉就是其中之一

荔枝肉

粵菜
着重食材原本的味道,菜式清而不淡。白切雞是飯桌上常見的粵菜菜式。

白切雞

浙菜
起源於浙江的浙菜味道清淡鮮美,龍井茶、紹興酒等都被作為食材使用。

龍井蝦仁

松鼠鱖魚

蘇菜
起源於江蘇的蘇菜多以河鮮作食材,也是國宴上款待外賓的主要菜肴。

水煮魚

世界之窗

超級水稻幫助世界減少飢餓
中國農業科學家袁隆平帶領團隊培育出的「超級水稻」,不僅產量高,而且不易受到病蟲害的影響。尼利亞、馬里等國家引入後,大大改善了糧食短缺的問題,減少了飢餓。

安安手記 由絲綢之路傳入中國的異域美食

葡萄　石榴　蠶豆　青瓜　　番薯　粟米　馬鈴薯

水果和蔬菜　　　　　糧食作物

湘菜

起源於湖南的湘菜味道香辣，剁椒魚頭是湘菜中的名菜。

剁椒魚頭

蔥燒海參

水白菜

川菜

起源於四川、重慶的川菜，不僅包括鮮香麻辣的水煮魚，還有清淡的開水白菜。

魯菜

起源於山東的魯菜，菜式以鹹鮮為主，蔥燒海參是魯菜中的名菜。

徽菜

起源於徽州的徽菜味道較濃，顏色也比較深，其中最出名的就是毛豆腐了。

毛豆腐

31

獨具匠心的建築

石獅安安出發去欣賞各地的建築物，在過程中他不僅探訪了燕子一家，還認識了不同地方的建築特色和文化呢！

石獅安安，這就是我居住的地方。

燕子姐姐，你們的家建造在屋簷下。

北京四合院

四合院由正房、東西廂房和倒座房組成，這種建築的室內光線充足、冬暖夏涼，還兼具防風的作用，是北京地區的傳統建築。

陝北窯洞

窯洞是黃土高原地區的房屋，由於這裏土層厚，人們就鑿洞而居。窯洞內部是圓拱形的，空間也很大。

湘西吊腳樓

吊腳樓是湖南、四川、貴州、廣西等地區少數民族的傳統房屋。這種房屋以木椿支撐，遠離地面，通風又防潮。

香港中銀大廈

位於中環的香港中銀大廈是香港的地標之一，外形是棱柱狀，70 層的建築表面全部覆蓋了玻璃幕。

位於外國的中國園林——德國法蘭克福的春華園

歐洲有不少中國風格的園林和建築，如德國法蘭克福的春華園。春華園於 1989 年建成，以徽州園林風格建造，園內有池塘、樹林和草地等。

福建土樓

福建土樓有圓形和方形兩種。這種圍繞式建築不但方便家族聚居，還非常穩固，甚至能抵禦地震。

圓圓的土樓看起來就像一個大蘑菇。

重慶解放碑

解放碑是八角形柱體的結構，四面各有一個時鐘，是為了紀念抗戰勝利建造的。

安安手記 中國的摩天大樓

隨着經濟發展，中國近年出現了不少摩天大樓，這些摩天大樓也成為了城市中的地標。

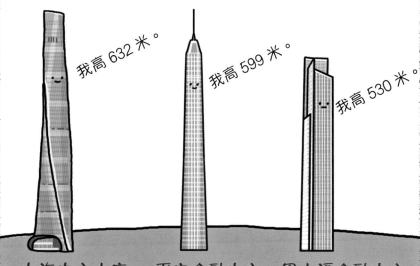

我高 632 米。

我高 599 米。

我高 530 米。

上海中心大廈　　平安金融中心　　周大福金融中心

完善的交通運輸

現時中國已發展了多種類型的交通運輸工具，非常方便。石獅安安在遊歷中國各地時，也乘坐了各種交通工具。

高鐵動車網

2008 年，中國第一條高速鐵路通車，從此高鐵網絡不斷擴大。2018 年，香港西九龍高鐵站正式開始使用，搭乘高鐵可以到達國內很多城市。

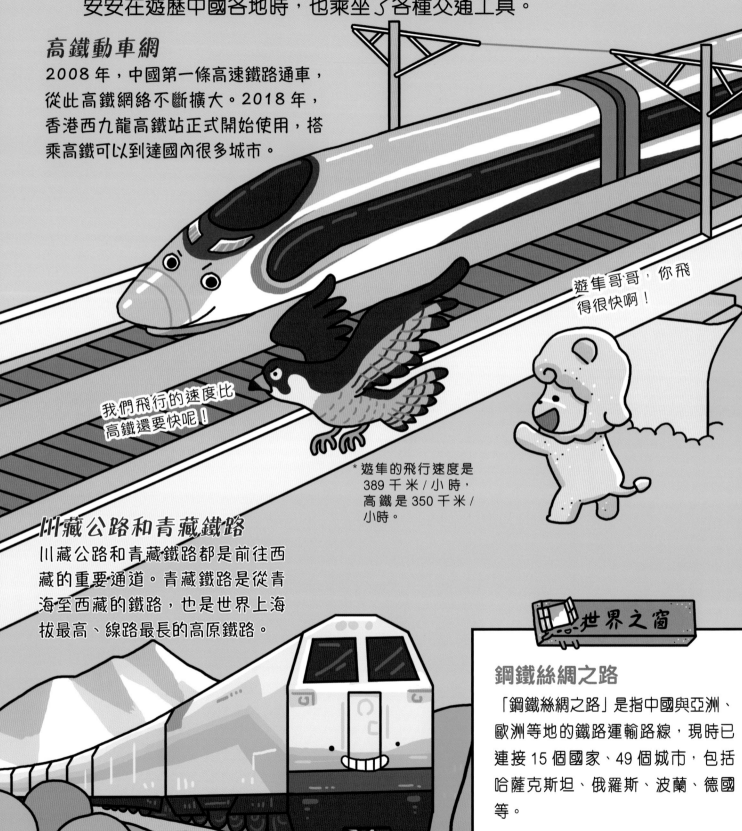

我們飛行的速度比高鐵還要快呢！

遊隼哥哥，你飛得很快啊！

* 遊隼的飛行速度是 389 千米／小時，高鐵是 350 千米／小時。

川藏公路和青藏鐵路

川藏公路和青藏鐵路都是前往西藏的重要通道。青藏鐵路是從青海至西藏的鐵路，也是世界上海拔最高、線路最長的高原鐵路。

世界之窗

鋼鐵絲綢之路

「鋼鐵絲綢之路」是指中國與亞洲、歐洲等地的鐵路運輸路線，現時已連接 15 個國家、49 個城市，包括哈薩克斯坦、俄羅斯、波蘭、德國等。

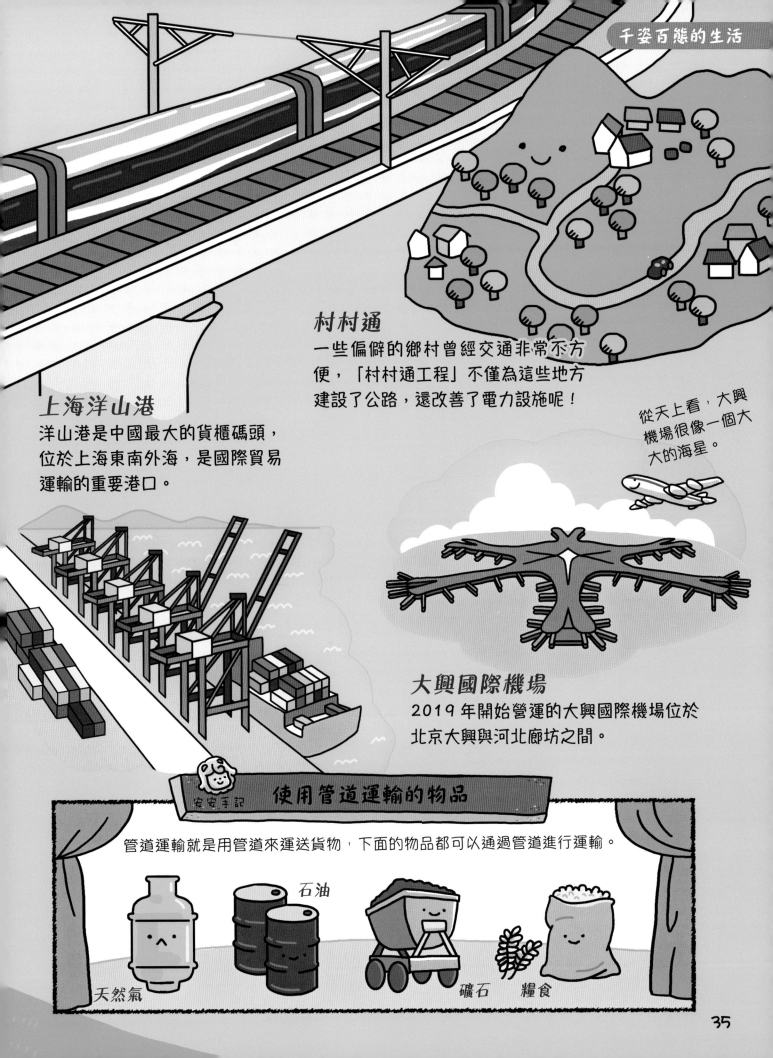

上海洋山港

洋山港是中國最大的貨櫃碼頭，位於上海東南外海，是國際貿易運輸的重要港口。

村村通

一些偏僻的鄉村曾經交通非常不方便，「村村通工程」不僅為這些地方建設了公路，還改善了電力設施呢！

從天上看，大興機場很像一個大大的海星。

大興國際機場

2019年開始營運的大興國際機場位於北京大興與河北廊坊之間。

安安手記 使用管道運輸的物品

管道運輸就是用管道來運送貨物，下面的物品都可以通過管道進行運輸。

天然氣　　　石油　　　礦石　糧食

造福於民的基礎建設

石獅安安在路上看到的發電廠、水渠、橋樑等都是基礎設施，
這些基礎設施的建設為人們的生活提供了很多方便。

南水北調工程

將長江流域的水抽調到缺乏水資源的
北方地區。截至 2023 年，累計的調
水量可盛滿 200 多個萬宜水庫。

我來自武漢的丹江口水庫。

西電東送

先把中國西部豐富的煤炭和水能資源轉化
為電力資源，再通過電網輸送到用電需求
大的東部沿海地區。

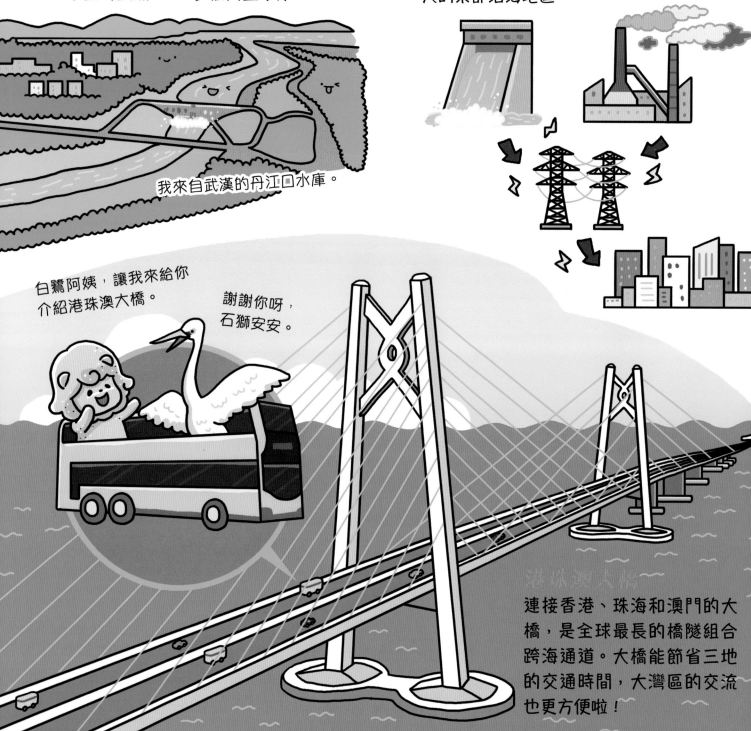

白鷺阿姨，讓我來給你
介紹港珠澳大橋。

謝謝你呀，
石獅安安。

港珠澳大橋

連接香港、珠海和澳門的大
橋，是全球最長的橋隧組合
跨海通道。大橋能節省三地
的交通時間，大灣區的交流
也更方便啦！

數字通訊基站建設

我們熟悉的 4G、5G 都是數位通訊，這些數位通訊離不開通訊基站。截至 2023 年 1 月，中國的 5G 基站已經覆蓋全國 90% 以上的地區。

大亞灣核電站

位於廣東大亞灣，距離香港約 50 公里。大亞灣核電廠的電力有 80% 是供給香港的。

這裏為香港提供了安全、潔淨的電力。

這是現在世界上最高的橋樑。

北盤江大橋

這座大橋位於雲南與貴州的交界。這裏多山，居民外出不但花時間，而且危險。北盤江大橋建成後，他們想走出大山就方便多啦！

時光隧道

長江上的第一座大橋

1957 年，長江上第一座鐵路、公路兩用橋——武漢長江大橋正式通車。自從這座橋建成之後，附近的城市來往更加方便了，真是「一橋飛架南北，天塹變通途」啊！

白鶴灘水電站

位於雲南與四川交界的金沙江峽谷上，流水落差大，有利於水力發電。它是目前世界上技術難度最高的水電站。

安安手記 千里眼——北斗衛星導航系統

北斗衛星導航系統是中國自行建設、運行的全球衛星導航系統，也是世界上第三個成熟的衛星導航系統。

我可以為全球用戶提供定位、導航、時間等資訊。

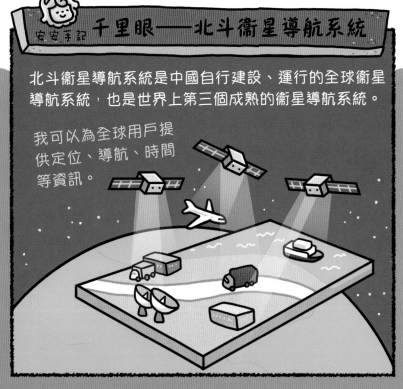

精益求精的國家工程

中國的科技在近年來不斷創新和進步，如航天、載人深潛、人工智能、資源勘探等。石獅安安看到這些先進的科技工程，都忍不住讚歎呢！

超級計算機

超級計算機用於需要大量運算的工作，如天氣預報、工程設計、科學研究等。中國超級計算機的研制技術　　處於世界前列。

航空母艦

航空母艦是海軍的重要武器，目前中國共有三艘航空母艦：

「遼寧艦」是中國第一艘航空母艦，在 2012 年啟用。

「山東艦」由中國自行設計和建造，在 2017 年啟用。

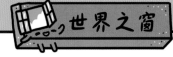 世界之窗

中國領先世界的 5G 技術

流動通訊對現今社會非常重要，5G 通訊技術能更快速、可靠地傳送大量數據。中國的 5G 技術領先世界，不僅擁有這一領域的多項專利，還有着全球最高的 5G 基站覆蓋率。

「福建艦」是中國首艘彈射型航空母艦，在 2022 年啟用。

射電望遠鏡：中國天眼

這是世界上最大、靈敏度最高的單口徑射電望遠鏡。它位於貴州，用於探測太空，發現新的天體。

新發傳染性疾病
國家重點實驗室
（香港大學）

國家實驗室

各地由國家成立的科學研究機構。現時，在香港共設有 16 所國家重點實驗室，這裏用來研究疾病、藥物等。

半潛式鑽井平台

「藍鯨 1 號」由中國自行研發，2017 年在南海首次開採可燃冰，開採時間及產氣總量都打破了世界紀錄。

安安手記 盾構機是怎樣工作的？

盾構機是用來開鑿隧道的大型機械，用於鐵路、公路、地鐵、水利等基建工程。

盾構機可以粉碎岩石，再將碎石變成泥漿運輸出去。

盾構機在挖掘時，對未穩固的隧道有臨時支撐的作用。

逐夢九天的航天工程

近年來，中國的航天工程發展飛躍，成為太空人不再是遙不可及的夢想呀！石獅安安對太空充滿好奇，希望自己也能去太空遊歷。

東方紅一號

中國第一顆人造衞星於1970年成功發射，它進入了預定軌道展開探測任務，並在太空播放樂曲《東方紅》。

東方紅，太陽升……

神舟五號

中國第一艘載人飛船於2003年成功升空，太空人楊利偉乘搭飛船環繞地球運行14圈後，順利返回地球。

環保有方

太空中的清潔小能手──遨龍一號

航天發展雖然帶來科學、文化等方面的益處，同時也產生了大量太空垃圾。「遨龍一號」是一個空間碎片主動清理飛行器，它裝載了機器手臂，可抓取太空中的廢棄衞星和碎片呢！

月球探測計劃
中國展開「嫦娥工程」探月計劃，將「嫦娥奔月」的神話傳說變成現實。

我是中國第一輛月球車「玉兔號」。

我的名字源於神話中的仙境——天宮。

 安安手記 載荷專家要做什麼事情？

國家在 2022 年宣布在香港和澳門選拔進入太空站工作的載荷專家。載荷專家需要做哪些事情呢？

我會用儀器對地球進行觀測，收集數據

我會利用儀器觀察宇宙中的天體。

太空的環境與地球不同，我們會進行各種科學實驗。

「天問一號」火星探測器
2020 年，「天問一號」火星探測器升空，開啟了中國的火星探測之旅。

天宮空間站
2011 年，中國開始建設自己的太空站。2022 年，包括了天和核心艙、夢天實驗艙、問天實驗艙、載人飛船和貨運飛船五個部分的中國空間站全面建成。

「祝融號」火星車
2021 年，「祝融號」火星車成功在火星着陸，展開探測任務。

揚帆起航的海洋探索

最後一站，石獅安安來到了無邊無際的海洋。中國的海岸線長，有多樣的海底地形和豐富的海洋資源，也發展了先進的海洋探測技術。

我就是一座移動的海上實驗室。

我的最大下潛深度達 10,908 米

「海斗一號」全海深自主遙控潛水器

這是可以大範圍巡航探測、精細觀測及用機械手採集樣本的自主遙控無人潛水器。2021 年打破了無人潛水器下潛深度及海底連續作業時間的世界紀錄。

「蛟龍號」載人潛水器

這是中國第一艘自行研製的深海載人潛水器。2012 年在馬里安納海溝創造了下潛 7,020 米的中國載人深潛紀錄。

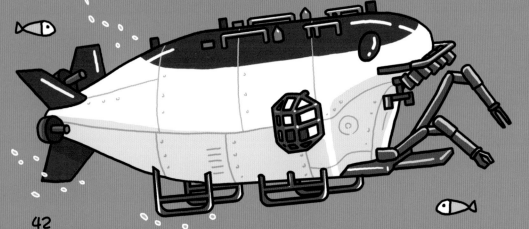

「探索一號」科考船

能搭載實驗室進行深海科學考察的科考船。2016 年首次航行，於馬里安納海溝海域進行考察任務。

時光隧道

「南海一號」沉船被成功打撈

1987 年，沉沒的宋代商船「南海一號」在廣東附近的海域被發現。由於船身巨大，內有珍貴文物，打撈行動須非常小心。直至 2007 年，「南海一號」成功被整體打撈。

我就像一條小丑魚。

「潛龍三號」無人無纜潛水器

這艘潛水器曾在 2018 年成功完成 4 次下潛，創下中國自主潛水器深海航程最遠紀錄。

「深海勇士號」載人潛水器

這是中國第二艘深海載人潛水器，名字寓意像勇士一樣探索深海奧秘。2017 年在南海進行首次載人深潛試驗。截至 2022 年 10 月，已完成 500 次下潛。

安安手記　海底實驗站是怎樣工作的？

2022 年，中國在海南附近海域佈設了海底實驗站。

科考船投放海底實驗站

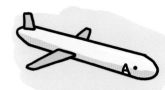

將科學數據通過海底滑翔機送回實驗室

實驗室人員進行數據分析

石獅安安的旅行到了尾聲，他開始覺得有點想家，想念爸爸。

石獅安安把自己拍攝的照片整理好，又把帶給爸爸的禮物和紀念品裝進背包。在朋友們的陪伴下，回到了爸爸身邊。

夜幕降臨，石獅安安和石獅爸爸坐在一起。石獅安安興奮地打開相冊，拿出禮物，向爸爸滔滔不絕地講着自己的見聞和經歷。

石獅安安給爸爸展示了自己學到的武術動作，神氣地說：
「爸爸，我記得李小龍也有做過一樣的動作呢」

石獅爸爸一邊鼓掌一邊說：「你記得很清楚啊！李小龍就是以傳統的詠春為基礎，發展出截拳道的。」

……

石獅安安講累了，依偎在爸爸身邊說：「爸爸，祖國好大，我還有很多沒有去的地方呢！」

石獅爸爸輕輕地撫摸着石獅安安的頭，說：「那我們今後就多去走一走、看一看吧！」

石獅爸爸一把抱緊石獅安安，開心地笑了。

生活中的中華元素

小朋友，香港社會中有許多源於中華的文化元素。請你擦亮發現的小眼睛，在日常生活中找尋並把它們拍攝下來吧！

照片 1

日期：_____ 年 __ 月 __ 日

時間：上午/下午 __ 時 __ 分

地點：_____

物品名稱：_____

_____

_____

照片 2

日期：_____ 年 __ 月 __ 日

時間：上午/下午 __ 時 __ 分

地點：_____

物品名稱：_____

_____

_____

照片 3

日期：_____ 年 ___ 月 ___ 日

時間：上午/下午 ___ 時 ___ 分

地點：_____

物品名稱：_____

_____

_____

照片 4

日期：_____ 年 ___ 月 ___ 日

時間：上午/下午 ___ 時 ___ 分

地點：_____

物品名稱：_____

_____

_____

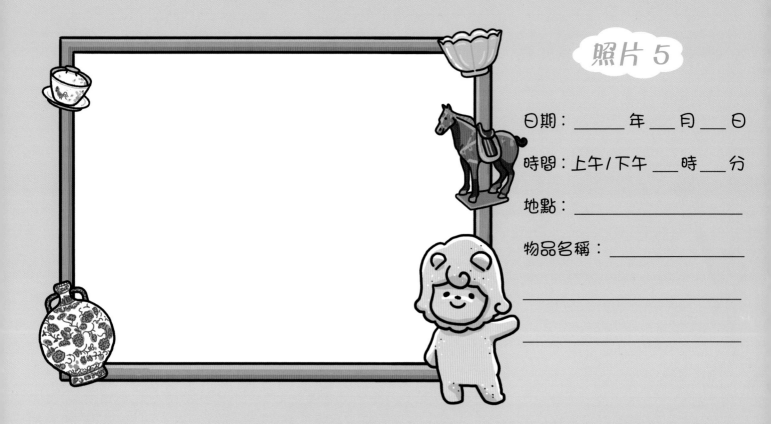

照片 5

日期：_____ 年 __ 月 __ 日

時間：上午/下午 __ 時 __ 分

地點：_____

物品名稱：_____

_____

_____

照片 6

日期：_____ 年 __ 月 __ 日

時間：上午/下午 __ 時 __ 分

地點：_____

物品名稱：_____

_____

_____